1 たし算①

JN090427

```
  1 2 3
+ 6 5 4
-------
  7 7 7
```

1. 一のくらいの計算から
   します。
   3＋4＝7
2. 十のくらいの計算をし
   ます。
3. 百のくらいの計算をし
   ます。

一、十、百の
じゅんに計算
するよ。

①
```
  5 1 3
+ 2 7 4
-------
```

②
```
  2 2 0
+ 4 3 6
-------
```

③
```
  3 2 5
+ 5 5 2
-------
```

④
```
  7 3 5
+ 2 2 2
-------
```

⑤
```
  6 5 8
+ 3 2 1
-------
```

⑥
```
  1 3 9
+ 6 2 0
-------
```

⑦
```
  8 4 5
+ 1 4 4
-------
```

⑧
```
  4 6 7
+ 4 3 2
-------
```

⑨
```
  2 5 3
+ 7 2 5
-------
```

おうちの方へ 大きな数のたし算も、同じ位の数をたします。必ず、一の位→十の位→百の位の順に計算します。

たし算②

```
   4 5 6
 + 3 2 7
   7 8 3
```

1. 一のくらいの計算からします。
　6 ＋ 7 ＝ 13
　（くり上がりの1は小さくかく）

2. 十のくらいの計算をします。
　5 ＋ 2 ＋ 1 ＝ 8
　（くり上がりの1をわすれない）

3. 百のくらいの計算をします。

①
```
   3 1 2
 + 3 4 8
```

②
```
   5 2 4
 + 4 5 7
```

③
```
   2 2 7
 + 6 5 8
```

④
```
   1 3 1
 + 8 3 9
```

⑤
```
   7 3 6
 + 1 8 2
```

⑥
```
   5 4 0
 + 3 8 3
```

⑦
```
   4 4 6
 + 2 6 3
```

⑧
```
   2 5 0
 + 2 7 7
```

⑨
```
   3 6 2
 + 4 8 6
```

たし算③

くり上がりに気をつけて、計算します。
くり上がりは、どこであるかわかりませんよ。

①
```
   2 1 4
 + 3 5 6
```

②
```
   6 1 6
 + 1 9 3
```

③
```
   4 2 8
 + 5 5 8
```

④
```
   1 3 3
 + 3 8 5
```

⑤
```
   3 1 9
 + 4 6 2
```

⑥
```
   2 4 1
 + 5 4 9
```

⑦
```
   1 2 8
 + 7 6 4
```

⑧
```
   6 3 0
 + 2 8 3
```

⑨
```
   3 6 7
 + 2 4 0
```

⑩
```
   5 7 3
 + 1 6 3
```

まちがいなおし

まちがいなおし

たし算④

```
    5 4 3
+   2 6 7
    8 1⁴ 1¹0
```

一のくらいも、十のくらいも
くり上がります。
くり上がりがあるかないかを
きめつけないで、一のくらい、
十のくらい、百のくらいと
じゅんに計算しましょう。

①
```
    3 4 1
+   1 7 9
```

②
```
    1 1 1
+   4 9 9
```

③
```
    3 2 3
+   5 8 8
```

④
```
    4 2 6
+   1 8 5
```

⑤
```
    5 3 2
+   3 8 9
```

⑥
```
    2 4 3
+   1 7 7
```

⑦
```
    1 5 1
+   5 8 9
```

⑧
```
    1 6 4
+   2 6 8
```

⑨
```
    4 7 2
+   4 5 9
```

5 たし算⑤

月　　日

点/10点

くり上がりに気をつけて、一のくらいから
じゅんに計算しましょう。

①
```
  3 1 3
+ 4 9 8
```

②
```
  5 3 7
+ 2 8 6
```

③
```
  1 5 4
+ 6 7 8
```

④
```
  2 6 3
+ 4 7 8
```

⑤
```
  7 1 8
+ 1 8 4
```

⑥
```
  2 3 2
+ 6 6 9
```

⑦
```
  1 2 1
+ 7 7 9
```

⑧
```
  3 1 5
+ 3 9 5
```

⑨
```
  4 4 4
+ 2 6 6
```

⑩
```
  6 5 2
+ 1 4 9
```

まちがいなおし

まちがいなおし

たし算⑥

```
    6 4 5
  + 9 8 7
  1 6¹3¹2
```

どのくらいもくり上がりがあり
ます。くり上がりの1をわすれ
ずに計算しましょう。
千のくらいにもくり上がりま
す。

①
```
    8 1 5
  + 2 9 8
```

②
```
    7 2 1
  + 4 9 9
```

③
```
    5 4 5
  + 8 5 8
```

④
```
    6 2 9
  + 9 7 6
```

⑤
```
    8 3 4
  + 1 7 9
```

⑥
```
    6 5 5
  + 3 4 8
```

⑦
```
    2 3 8
  + 7 8 8
```

⑧
```
    5 5 1
  + 5 6 9
```

⑨
```
    1 6 8
  + 8 6 3
```

たし算⑦

月　日

点/10点

> どのくらいもくり上がりがあるよ。

①
```
    6 4 2
+   4 5 9
─────────
```

②
```
    8 5 6
+   6 7 7
─────────
```

③
```
    5 4 8
+   5 9 5
─────────
```

④
```
    9 6 5
+   3 3 6
─────────
```

⑤
```
    3 4 7
+   6 5 7
─────────
```

⑥
```
    1 5 9
+   8 6 2
─────────
```

⑦
```
    2 5 7
+   9 9 8
─────────
```

⑧
```
    2 7 1
+   7 2 9
─────────
```

⑨
```
    7 8 4
+   5 7 7
─────────
```

⑩
```
    5 7 4
+   4 6 8
─────────
```

まちがいなおし

まちがいなおし

8

たし算⑧

くり上がりに気をつけて計算しましょう。

①
```
   1 9 2
+  9 0 8
```

②
```
   5 9 8
+  4 0 7
```

③
```
   9 3 4
+    6 7
```

④
```
   9 1 7
+    8 6
```

⑤
```
   9 9 7
+      6
```

⑥
```
   9 9 8
+      5
```

⑦
```
   9 9 3
+      9
```

⑧
```
   9 7 9
+    5 5
```

⑨
```
   9 7 4
+    2 8
```

⑩
```
   4 9 6
+  5 0 6
```

まちがいなおし

まちがいなおし

⑨ たし算⑨

くり上がりがある計算や、ない計算がまざってい
ます。まちがわないよう、ていねいにしましょう。

①
```
   6 1 0
+  2 5 7
```

②
```
   3 2 7
+  6 8 1
```

③
```
   5 2 4
+  7 5 4
```

④
```
   9 3 5
+  6 5 4
```

⑤
```
   9 9 2
+      9
```

⑥
```
   4 3 6
+    6 7
```

⑦
```
   3 9 7
+  6 0 8
```

⑧
```
   7 4 2
+  3 5 9
```

⑨
```
   8 6 9
+  5 3 5
```

⑩
```
   4 4 9
+  7 5 5
```

まちがいなおし

まちがいなおし

10 たし算⑩

月 日

点/8点

4けたの計算も、一のくらいから
じゅんにすればできますよ。

①
```
    1 4 2 4
+   4 4 7 7
```

②
```
    2 0 3 5
+   6 6 8 6
```

③
```
    3 8 2 6
+   5 4 6 9
```

④
```
    5 4 7 1
+   3 4 2 9
```

⑤
```
    4 7 3 0
+   8 1 7 7
```

⑥
```
    3 1 4 5
+   6 5 7 2
```

⑦
```
    5 4 4 5
+   7 6 4 3
```

⑧
```
    5 7 7 3
+   6 5 1 4
```

たし算⑪

くり上がりがふえてきましたよ。

①
```
   1 3 1 4
+  4 7 9 4
```

②
```
   2 5 2 2
+  4 6 7 8
```

③
```
   2 7 8 6
+  8 7 0 3
```

④
```
   3 2 6 2
+  8 8 3 9
```

⑤
```
   6 6 3 7
+  4 3 7 2
```

⑥
```
   4 4 5 1
+  7 7 5 7
```

⑦
```
   8 2 3 3
+  3 5 6 9
```

⑧
```
   7 0 7 2
+  4 5 8 9
```

たし算⑫

月　　日

点/8点

くり上がりに気をつけて
計算しましょう。

①
```
  9 9 9 6
+       5
---------
```

②
```
  9 9 9 8
+       4
---------
```

③
```
  9 9 4 4
+     5 6
---------
```

④
```
  9 9 8 6
+     1 6
---------
```

⑤
```
  5 3 7 8
+ 4 6 2 9
---------
```

⑥
```
  8 9 2 9
+ 1 0 7 5
---------
```

⑦
```
  6 3 5 9
+ 8 6 7 3
---------
```

⑧
```
  4 9 1 9
+ 7 0 8 7
---------
```

13　ひき算①

```
   7 8 9
 - 5 4 3
 ─────
   2 4 6
```

一のくらいから、十のくらい、百のくらいとじゅんに計算します。
このページは、くり下がりはありません。

①
```
   3 2 5
 - 1 2 2
 ─────
```

②
```
   6 4 0
 - 2 1 0
 ─────
```

③
```
   8 3 7
 - 4 2 3
 ─────
```

④
```
   7 4 5
 - 3 2 2
 ─────
```

⑤
```
   5 4 7
 - 4 3 1
 ─────
```

⑥
```
   9 5 1
 - 7 1 0
 ─────
```

⑦
```
   4 5 5
 - 2 1 5
 ─────
```

⑧
```
   2 6 3
 - 1 4 2
 ─────
```

⑨
```
   9 7 5
 - 3 5 5
 ─────
```

おうちの方へ　ひき算も必ず、一の位→十の位→百の位の順に計算します。

ひき算②

月　日

点/9点

```
    2
  5 3 4¹
-  1 2 6
  4 0 8
```

一のくらいから計算をします。
4－6は、できません。
十のくらいをくずして　14－6
十のくらいの3は、2になります。
この方法がくり下がりでしたね。

①
```
  8 4 1
- 3 2 6
```

②
```
  7 5 2
- 2 1 8
```

③
```
  6 6 0
- 4 1 6
```

④
```
  5 6 8
- 1 2 9
```

⑤
```
  3 7 3
- 2 3 8
```

⑥
```
  7 6 4
- 4 7 3
```

⑦
```
  8 4 9
- 3 7 4
```

⑧
```
  9 2 7
- 2 5 5
```

⑨
```
  7 5 8
- 4 6 6
```

おうちの方へ　必ず上の段に書いてある数から下の段の数をひきます。
4－6のときは、くり下がりの作業をします。

ひき算③

月　日

点/10点

答えが１けたや２けたになる問題もあります。018はふつう18と、005はふつう５とかきます。

①
```
  7 2 0
- 4 1 7
```

②
```
  5 3 6
- 5 1 8
```

③
```
  4 2 9
- 2 5 6
```

④
```
  8 6 5
- 7 8 3
```

⑤
```
  3 2 2
- 3 1 7
```

⑥
```
  2 4 4
- 1 8 4
```

⑦
```
  6 4 8
- 6 1 9
```

⑧
```
  7 5 4
- 6 4 7
```

⑨
```
  6 6 8
- 5 8 8
```

⑩
```
  2 8 5
- 1 9 2
```

まちがいなおし

まちがいなおし

ひき算④

くり下がりが多くなります。ていねいに計算しましょう。

①
```
  3 8 2
- 1 9 4
```

②
```
  4 1 5
- 2 8 6
```

③
```
  5 6 4
- 4 6 8
```

④
```
  4 0 7
- 1 5 9
```

⑤
```
  6 3 6
- 5 8 7
```

⑥
```
  5 0 3
- 2 2 6
```

⑦
```
  6 2 1
- 5 9 8
```

⑧
```
  5 9 2
- 4 9 6
```

⑨
```
  7 2 8
- 4 5 9
```

⑩
```
  7 6 0
- 2 6 6
```

まちがいなおし

まちがいなおし

ひき算⑤

十のくらいが0のとき、百のくらいからくり下げます。しっかり思い出してしましょう。

①
```
   6 2 5
 - 3 6 8
```

②
```
   7 8 4
 - 4 8 6
```

③
```
   3 0 2
 - 2 5 8
```

④
```
   8 0 4
 - 4 5 7
```

⑤
```
   6 7 0
 - 4 9 5
```

⑥
```
   4 0 7
 - 3 7 8
```

⑦
```
   7 4 0
 - 6 8 4
```

⑧
```
   3 2 3
 - 1 2 7
```

⑨
```
   4 0 5
 - 3 6 9
```

⑩
```
   6 0 0
 - 3 8 2
```

まちがいなおし

まちがいなおし

ひき算⑥

たくさんくり下がりがあります。1つずつ
たしかめながら計算しましょう。

①
```
  2 3 6 3
-   7 8 5
```

②
```
  3 5 6 1
-   8 9 2
```

③
```
  4 6 4 2
-   9 5 3
```

④
```
  6 2 1 4
-   5 2 5
```

⑤
```
  1 5 1 0
-   7 6 7
```

⑥
```
  7 8 3 2
-   9 8 5
```

⑦
```
  8 3 6 5
-   4 8 7
```

⑧
```
  2 6 4 2
-   7 9 7
```

ひき算⑦

月　日

点/8点

くり下がるときは、数をきちんと
直しましょう。

①
```
  1 7 1 3
-   7 4 9
```

②
```
  1 2 1 3
-   9 5 4
```

③
```
  2 4 6 0
-   4 6 1
```

④
```
  1 1 2 0
-   3 2 9
```

⑤
```
  1 1 7 1
-   1 7 9
```

⑥
```
  6 1 2 3
-   8 7 6
```

⑦
```
  5 0 5 3
-   4 7 4
```

⑧
```
  3 5 1 4
-   5 7 6
```

ひき算⑧

月　　日

点/8点

```
      0  9
    3  1̸  0̸  1
 -        2  3  5
 ───────────────
    2  8  6  6
```

一のくらいの計算は、1－5
はできません。
十のくらいは0なので百のく
らいをくずします。11－5

①
```
    2  3  0  0
 -        4  4
 ─────────────
```

②
```
    4  5  0  0
 -        6  8
 ─────────────
```

③
```
    1  0  1  8
 -     3  5  5
 ─────────────
```

④
```
    7  1  0  2
 -        3  9
 ─────────────
```

⑤
```
    1  0  3  2
 -     5  8  1
 ─────────────
```

⑥
```
    1  0  4  6
 -     8  7  3
 ─────────────
```

⑦
```
    5  6  0  7
 -        5  9
 ─────────────
```

⑧
```
    2  1  0  8
 -        2  9
 ─────────────
```

ひき算⑨

> どんどん上のくらいの数へ行って、やっと
> くずすことができる計算もあります。

①
```
  3 4 0 0
-   4 0 4
─────────
```

②
```
  4 3 0 0
-   3 2 6
─────────
```

③
```
  2 0 0 1
-   7 6 5
─────────
```

④
```
  1 0 0 4
-   2 5 7
─────────
```

⑤
```
  7 0 0 5
-     3 6
─────────
```

⑥
```
  5 0 0 3
-     3 4
─────────
```

⑦
```
  3 0 0 0
-       7
─────────
```

⑧
```
  1 0 0 0
-       9
─────────
```

ひき算⑩

月　　日

点/8点

4けたどうしのひき算です。でも、今までと
同じように、一のくらいからじゅんに計算し
ます。

①
```
   3 3 7 0
 - 2 6 1 5
```

②
```
   8 0 3 1
 - 4 4 2 5
```

③
```
   8 4 4 6
 - 6 6 2 7
```

④
```
   5 7 6 2
 - 4 9 1 7
```

⑤
```
   4 5 1 5
 - 3 3 6 7
```

⑥
```
   8 4 4 2
 - 2 1 7 4
```

⑦
```
   5 5 3 7
 - 4 8 6 4
```

⑧
```
   7 4 7 5
 - 6 7 9 3
```

ひき算⑪

月　日

点/8点

くり下がりがうまくできると、ひき算はごうかくです。

①
```
  3 2 4 3
- 1 5 8 7
```

②
```
  2 7 6 3
- 1 8 8 5
```

③
```
  4 0 2 5
- 2 5 8 6
```

④
```
  6 1 1 2
- 3 4 5 7
```

⑤
```
  5 0 1 4
- 3 7 3 6
```

⑥
```
  4 7 1 2
- 1 8 8 5
```

⑦
```
  6 5 5 3
- 4 6 9 4
```

⑧
```
  7 2 1 2
- 4 7 6 9
```

ひき算⑫

月　日

点/8点

ここも、むずかしいくり下がりがあるよ。
気をつけましょう。

①
```
   9 4 7 1
 - 4 5 8 4
```

②
```
   4 4 0 8
 - 1 7 2 6
```

③
```
   3 0 7 8
 - 2 3 7 9
```

④
```
   5 6 0 0
 - 4 7 8 5
```

⑤
```
   7 0 6 0
 - 6 6 6 1
```

⑥
```
   8 0 0 3
 - 7 7 4 9
```

⑦
```
   6 0 0 2
 - 1 2 9 6
```

⑧
```
   9 0 0 5
 - 6 3 1 7
```

25 わり算 I ①

点/20点

$72 \div 9 = \square$

$9 \times \square = 72$ を

考えて $\square = 8$

かけ算九九がわかっていると
わり算はかんたんだね。

① $1 \div 1 =$

⑧ $8 \div 1 =$

⑮ $12 \div 2 =$

② $2 \div 1 =$

⑨ $9 \div 1 =$

⑯ $14 \div 2 =$

③ $3 \div 1 =$

⑩ $2 \div 2 =$

⑰ $16 \div 2 =$

④ $4 \div 1 =$

⑪ $4 \div 2 =$

⑱ $18 \div 2 =$

⑤ $5 \div 1 =$

⑫ $6 \div 2 =$

⑲ $3 \div 3 =$

⑥ $6 \div 1 =$

⑬ $8 \div 2 =$

⑳ $6 \div 3 =$

⑦ $7 \div 1 =$

⑭ $10 \div 2 =$

おうちの
方へ わり算を順に並べました。まず、わり算になれることからはじめます。

わり算Ⅰ ②

月　　日

点/20点

わり算の問題をじゅんにならべています。
やりながらおぼえていきましょう。

① $9 \div 3 =$　　⑧ $4 \div 4 =$　　⑮ $32 \div 4 =$

② $12 \div 3 =$　　⑨ $8 \div 4 =$　　⑯ $36 \div 4 =$

③ $15 \div 3 =$　　⑩ $12 \div 4 =$　　⑰ $5 \div 5 =$

④ $18 \div 3 =$　　⑪ $16 \div 4 =$　　⑱ $10 \div 5 =$

⑤ $21 \div 3 =$　　⑫ $20 \div 4 =$　　⑲ $15 \div 5 =$

⑥ $24 \div 3 =$　　⑬ $24 \div 4 =$　　⑳ $20 \div 5 =$

⑦ $27 \div 3 =$　　⑭ $28 \div 4 =$

わり算 Ⅰ ③

月　　日

点/20点

$25 \div 5 = \square$

$5 \times 1 = 5$
$5 \times 2 = 10$
$5 \times 3 = 15$
$5 \times 4 = 20$
$5 \times 5 = 25$

わり算がわからなくなったら、かけ算九九を思い出そう。

① $25 \div 5 =$

② $30 : 5 =$

③ $35 \div 5 =$

④ $40 \div 5 =$

⑤ $45 \div 5 =$

⑥ $6 \div 6 =$

⑦ $12 \div 6 =$

⑧ $18 \div 6 =$

⑨ $24 \div 6 =$

⑩ $30 \div 6 =$

⑪ $36 \div 6 =$

⑫ $42 \div 6 =$

⑬ $48 \div 6 =$

⑭ $54 \div 6 =$

⑮ $7 \div 7 =$

⑯ $14 \div 7 =$

⑰ $21 \div 7 =$

⑱ $28 \div 7 =$

⑲ $35 \div 7 =$

⑳ $42 \div 7 =$

28 わり算 I ④

月　　日

点/20点

さあ、じゅんばんに問題をしましょう。
やり方は、しっかりわかりましたか。

① 49÷7 =

② 56÷7 =

③ 63÷7 =

④ 8÷8 =

⑤ 16÷8 =

⑥ 24÷8 =

⑦ 32÷8 =

⑧ 40÷8 =

⑨ 48÷8 =

⑩ 56÷8 =

⑪ 64÷8 =

⑫ 72÷8 =

⑬ 9÷9 =

⑭ 18÷9 =

⑮ 27÷9 =

⑯ 36÷9 =

⑰ 45÷9 =

⑱ 54÷9 =

⑲ 63÷9 =

⑳ 81÷9 =

わり算 Ⅰ ⑤

÷1～÷4をばらばらにしています。
九九を思い出して答えましょう。

① 2÷1=

② 9÷3=

③ 2÷2=

④ 4÷1=

⑤ 15÷3=

⑥ 6÷2=

⑦ 6÷3=

⑧ 18÷3=

⑨ 3÷1=

⑩ 4÷2=

⑪ 3÷3=

⑫ 5÷1=

⑬ 4÷4=

⑭ 21÷3=

⑮ 8÷2=

⑯ 12÷4=

⑰ 6÷1=

⑱ 10÷2=

⑲ 12÷3=

⑳ 8÷4=

わり算Ⅰ ⑥

月　日

点/20点

÷1～÷6をばらばらにしています。
ちょっとむずかしくなりましたね。

① $7 \div 1 =$

② $24 \div 3 =$

③ $16 \div 4 =$

④ $12 \div 2 =$

⑤ $32 \div 4 =$

⑥ $27 \div 3 =$

⑦ $36 \div 4 =$

⑧ $9 \div 1 =$

⑨ $5 \div 5 =$

⑩ $8 \div 1 =$

⑪ $16 \div 2 =$

⑫ $20 \div 4 =$

⑬ $6 \div 6 =$

⑭ $28 \div 4 =$

⑮ $14 \div 2 =$

⑯ $24 \div 4 =$

⑰ $18 \div 2 =$

⑱ $12 \div 6 =$

⑲ $10 \div 5 =$

⑳ $18 \div 6 =$

わり算Ⅰ ⑦

少しむずかしくなってきました。
この問題がすらすらできるように
くりかえし練習しましょう。

① $15 \div 5 =$

⑧ $30 \div 6 =$

⑮ $36 \div 6 =$

② $24 \div 6 =$

⑨ $25 \div 5 =$

⑯ $35 \div 7 =$

③ $7 \div 7 =$

⑩ $14 \div 7 =$

⑰ $24 \div 8 =$

④ $20 \div 5 =$

⑪ $16 \div 8 =$

⑱ $27 \div 9 =$

⑤ $21 \div 7 =$

⑫ $30 \div 5 =$

⑲ $35 \div 5 =$

⑥ $8 \div 8 =$

⑬ $28 \div 7 =$

⑳ $32 \div 8 =$

⑦ $18 \div 9 =$

⑭ $9 \div 9 =$

わり算Ⅰ ⑧

あまりのないわり算の練習はこれで終わり。さっとできるように何度も練習するといいですよ。

① 40÷5 =

② 42÷7 =

③ 42÷6 =

④ 56÷7 =

⑤ 36÷9 =

⑥ 40÷8 =

⑦ 54÷9 =

⑧ 48÷8 =

⑨ 45÷5 =

⑩ 49÷7 =

⑪ 48÷6 =

⑫ 45÷9 =

⑬ 72÷8 =

⑭ 63÷9 =

⑮ 64÷8 =

⑯ 54÷6 =

⑰ 72÷9 =

⑱ 63÷7 =

⑲ 56÷8 =

⑳ 81÷9 =

わり算Ⅱ①

$$3 \div 2 = 1 \cdots 1$$

↑

「あまりの記号」
とします。

÷2のとき、あまりはいつも1
÷3のとき、あまりは、1か2

① $3 \div 2 = \quad \cdots$

② $5 \div 2 = \quad \cdots$

③ $7 \div 2 = \quad \cdots$

④ $9 \div 2 = \quad \cdots$

⑤ $11 \div 2 = \quad \cdots$

⑥ $13 \div 2 = \quad \cdots$

⑦ $15 \div 2 = \quad \cdots$

⑧ $17 \div 2 = \quad \cdots$

⑨ $19 \div 2 = \quad \cdots$

⑩ $4 \div 3 = \quad \cdots$

⑪ $5 \div 3 = \quad \cdots$

⑫ $7 \div 3 = \quad \cdots$

⑬ $8 \div 3 = \quad \cdots$

⑭ $13 \div 3 = \quad \cdots$

⑮ $14 \div 3 = \quad \cdots$

⑯ $16 \div 3 = \quad \cdots$

⑰ $17 \div 3 = \quad \cdots$

⑱ $19 \div 3 = \quad \cdots$

⑲ $22 \div 3 = \quad \cdots$

⑳ $23 \div 3 = \quad \cdots$

おうちの方へ
あまりがあると、急に難しく感じます。
はじめはゆっくり正確さを追求します。

わり算Ⅱ②

÷4のとき、あまりは、1か2か3です。
わる数よりかならず小さい数になります。

① $25 \div 3 =$ …　　⑧ $13 \div 4 =$ …　　⑮ $22 \div 4 =$ …

② $26 \div 3 =$ …　　⑨ $14 \div 4 =$ …　　⑯ $23 \div 4 =$ …

③ $28 \div 3 =$ …　　⑩ $15 \div 4 =$ …　　⑰ $25 \div 4 =$ …

④ $29 \div 3 =$ …　　⑪ $17 \div 4 =$ …　　⑱ $26 \div 4 =$ …

⑤ $5 \div 4 =$ …　　⑫ $18 \div 4 =$ …　　⑲ $27 \div 4 =$ …

⑥ $6 \div 4 =$ …　　⑬ $19 \div 4 =$ …　　⑳ $29 \div 4 =$ …

⑦ $7 \div 4 =$ …　　⑭ $21 \div 4 =$ …

わり算Ⅱ③

÷5をならべました。やり方をしっかり
おぼえましょう。

① $11 \div 5 =$　…

② $12 \div 5 =$　…

③ $13 \div 5 =$　…

④ $14 \div 5 =$　…

⑤ $16 \div 5 =$　…

⑥ $17 \div 5 =$　…

⑦ $18 \div 5 =$　…

⑧ $19 \div 5 =$　…

⑨ $21 \div 5 =$　…

⑩ $22 \div 5 =$　…

⑪ $23 \div 5 =$　…

⑫ $24 \div 5 =$　…

⑬ $26 \div 5 =$　…

⑭ $27 \div 5 =$　…

⑮ $28 \div 5 =$　…

⑯ $29 \div 5 =$　…

⑰ $31 \div 5 =$　…

⑱ $32 \div 5 =$　…

⑲ $33 \div 5 =$　…

⑳ $36 \div 5 =$　…

わり算Ⅱ④

÷6をならべました。

① 14÷6 =　…

② 15÷6 =　…

③ 17÷6 =　…

④ 19÷6 =　…

⑤ 25÷6 =　…

⑥ 26÷6 =　…

⑦ 27÷6 =　…

⑧ 28÷6 =　…

⑨ 29÷6 =　…

⑩ 31÷6 =　…

⑪ 32÷6 =　…

⑫ 33÷6 =　…

⑬ 34÷6 =　…

⑭ 35÷6 =　…

⑮ 37÷6 =　…

⑯ 38÷6 =　…

⑰ 39÷6 =　…

⑱ 43÷6 =　…

⑲ 44÷6 =　…

⑳ 45÷6 =　…

わり算Ⅱ⑤

÷7をならべました。

① 17÷7 =　…

② 18÷7 =　…

③ 19÷7 =　…

④ 22÷7 =　…

⑤ 23÷7 =　…

⑥ 24÷7 =　…

⑦ 25÷7 =　…

⑧ 27÷7 =　…

⑨ 29÷7 =　…

⑩ 36÷7 =　…

⑪ 37÷7 =　…

⑫ 38÷7 =　…

⑬ 39÷7 =　…

⑭ 43÷7 =　…

⑮ 44÷7 =　…

⑯ 45÷7 =　…

⑰ 46÷7 =　…

⑱ 47÷7 =　…

⑲ 48÷7 =　…

⑳ 57÷7 =　…

わり算Ⅱ⑥

÷8のやり方はわかりましたか。

① $25 \div 8 =$　　…　　⑧ $35 \div 8 =$　　…　　⑮ $43 \div 8 =$　　…

② $26 \div 8 =$　　…　　⑨ $36 \div 8 =$　　…　　⑯ $44 \div 8 =$　　…

③ $27 \div 8 =$　　…　　⑩ $37 \div 8 =$　　…　　⑰ $45 \div 8 =$　　…

④ $28 \div 8 =$　　…　　⑪ $38 \div 8 =$　　…　　⑱ $46 \div 8 =$　　…

⑤ $29 \div 8 =$　　…　　⑫ $39 \div 8 =$　　…　　⑲ $47 \div 8 =$　　…

⑥ $33 \div 8 =$　　…　　⑬ $41 \div 8 =$　　…　　⑳ $49 \div 8 =$　　…

⑦ $34 \div 8 =$　　…　　⑭ $42 \div 8 =$　　…

わり算Ⅱ ⑦

÷9のページです。これで全部の
やり方がわかりましたね。

① $38 \div 9 =$　…　⑧ $57 \div 9 =$　…　⑮ $69 \div 9 =$　…

② $39 \div 9 =$　…　⑨ $58 \div 9 =$　…　⑯ $73 \div 9 =$　…

③ $46 \div 9 =$　…　⑩ $64 \div 9 =$　…　⑰ $74 \div 9 =$　…

④ $47 \div 9 =$　…　⑪ $65 \div 9 =$　…　⑱ $75 \div 9 =$　…

⑤ $49 \div 9 =$　…　⑫ $66 \div 9 =$　…　⑲ $76 \div 9 =$　…

⑥ $55 \div 9 =$　…　⑬ $67 \div 9 =$　…　⑳ $77 \div 9 =$　…

⑦ $56 \div 9 =$　…　⑭ $68 \div 9 =$　…

わり算Ⅱ⑧

点/20点

$37 \div 9 = 4 \cdots 1$

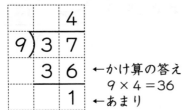

←かけ算の答え
$9 \times 4 = 36$
←あまり

わり算のひっ算を
使うと左のように
なります。

① $6 \div 5 =$ …

② $7 \div 5 =$ …

③ $8 \div 5 =$ …

④ $9 \div 5 =$ …

⑤ $7 \div 6 =$ …

⑥ $8 \div 6 =$ …

⑦ $9 \div 6 =$ …

⑧ $13 \div 6 =$ …

⑨ $8 \div 7 =$ …

⑩ $9 \div 7 =$ …

⑪ $15 \div 7 =$ …

⑫ $16 \div 7 =$ …

⑬ $9 \div 8 =$ …

⑭ $17 \div 8 =$ …

⑮ $18 \div 8 =$ …

⑯ $19 \div 8 =$ …

⑰ $19 \div 9 =$ …

⑱ $28 \div 9 =$ …

⑲ $29 \div 9 =$ …

⑳ $37 \div 9 =$ …

わり算Ⅱ⑨

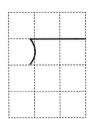

÷5〜÷9をばらばらにしています。わかりにくいときは、左のわくを使って計算してみましょう。

① $37 \div 5 =$ … 　　⑧ $58 \div 8 =$ … 　　⑮ $47 \div 6 =$ …

② $46 \div 6 =$ … 　　⑨ $38 \div 5 =$ 　　⑯ $59 \div 8 =$ …

③ $57 \div 8 =$ … 　　⑩ $49 \div 6 =$ … 　　⑰ $59 \div 7 =$ …

④ $58 \div 7 =$ … 　　⑪ $82 \div 9 =$ … 　　⑱ $78 \div 9 =$ …

⑤ $39 \div 5 =$ … 　　⑫ $64 \div 7 =$ … 　　⑲ $41 \div 5 =$ …

⑥ $65 \div 7 =$ … 　　⑬ $79 \div 9 =$ … 　　⑳ $83 \div 9 =$ …

⑦ $65 \div 8 =$ … 　　⑭ $55 \div 6 =$ …

わり算Ⅱ⑩

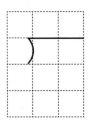

もうわり算になれてきましたか。

① 56 ÷ 6 =　…

② 79 ÷ 8 =　…

③ 66 ÷ 7 =　…

④ 87 ÷ 9 =　…

⑤ 57 ÷ 6 =　…

⑥ 43 ÷ 5 =　…

⑦ 69 ÷ 8 =　…

⑧ 44 ÷ 5 =　…

⑨ 67 ÷ 7 =　…

⑩ 58 ÷ 6 =　…

⑪ 88 ÷ 9 =　…

⑫ 77 ÷ 8 =　…

⑬ 69 ÷ 7 =　…

⑭ 48 ÷ 5 =　…

⑮ 75 ÷ 8 =　…

⑯ 59 ÷ 6 —　…

⑰ 85 ÷ 9 =　…

⑱ 68 ÷ 7 =　…

⑲ 86 ÷ 9 =　…

⑳ 49 ÷ 5 =　…

43 わり算Ⅲ①

月　　日

点/10点

わり算で、いちばんむずかしい問題です。
計算しましょう。

① $10 \div 3 = 3$ あまり 1

② $11 \div 3 =$ …

③ $20 \div 3 =$ …

④ $10 \div 4 =$ …

⑤ $11 \div 4 =$ …

⑥ $30 \div 4 =$ …

⑦ $31 \div 4 =$ …

⑧ $10 \div 6 =$ …

⑨ $11 \div 6 =$ …

⑩ $20 \div 6 =$ …

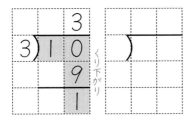
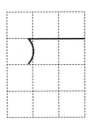
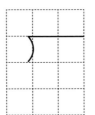

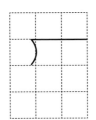
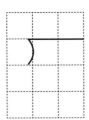
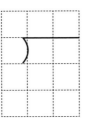
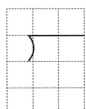

おうちの方へ　3年のわり算で一番難しい問題です。
ひき算のところでくり下がりがあります。

わり算Ⅲ②

> わり算をしてあまりを出すとき、くり下がりがある問題です。

① $21 \div 6 =$ 　… 　　　⑥ $50 \div 6 =$ 　…

② $22 \div 6 =$ 　… 　　　⑦ $51 \div 6 =$ 　…

③ $23 \div 6 =$ 　… 　　　⑧ $52 \div 6 =$ 　…

④ $40 \div 6 =$ 　… 　　　⑨ $53 \div 6 =$ 　…

⑤ $41 \div 6 =$ 　… 　　　⑩ $10 \div 7 =$ 　…

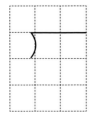 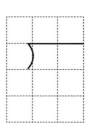 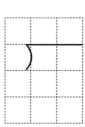 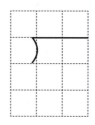 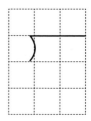

 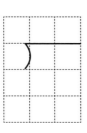  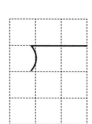 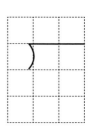

わり算Ⅲ③

月　日

点/20点

```
    1
7)1 1
    7
    4
```

11÷7＝1…4のように、あまりを出すときくり下がりがあるわり算は、100題あります。この100題がさっとできるように練習しましょう。

① 11÷7＝　…

② 12÷7＝　…

③ 13÷7＝　…

④ 20÷7＝　…

⑤ 30÷7＝　…

⑥ 31÷7＝　…

⑦ 32÷7＝　…

⑧ 33÷7＝　…

⑨ 34÷7＝　…

⑩ 40÷7＝　…

⑪ 41÷7＝　…

⑫ 50÷7＝　…

⑬ 51÷7＝　…

⑭ 52÷7＝　…

⑮ 53÷7＝　…

⑯ 54÷7＝　…

⑰ 55÷7＝　…

⑱ 60÷7＝　…

⑲ 61÷7＝　…

⑳ 62÷7＝　…

わり算Ⅲ④

だんだんコツがつかめるように
なりましたか。

① 10÷8 = …

② 11÷8 = …

③ 12÷8 = …

④ 13÷8 = …

⑤ 14÷8 = …

⑥ 15÷8 = …

⑦ 20÷8 = …

⑧ 21÷8 = …

⑨ 22÷8 = …

⑩ 23÷8 = …

⑪ 30÷8 = …

⑫ 31÷8 = …

⑬ 50÷8 = …

⑭ 51÷8 = …

⑮ 52÷8 = …

⑯ 53÷8 = …

⑰ 54÷8 = …

⑱ 55÷8 = …

⑲ 60÷8 = …

⑳ 61÷8 = …

わり算Ⅲ⑤

÷8と÷9です。そろそろ終わりが近づいてきましたよ。

① 62÷8＝　…

② 63÷8＝　…

③ 70÷8＝　…

④ 71÷8＝　…

⑤ 10÷9＝　…

⑥ 11÷9＝　…

⑦ 12÷9＝　…

⑧ 13÷9＝　…

⑨ 14÷9＝　…

⑩ 15÷9＝　…

⑪ 16÷9＝　…

⑫ 17÷9＝　…

⑬ 20÷9＝　…

⑭ 21÷9＝　…

⑮ 22÷9＝　…

⑯ 23÷9＝　…

⑰ 24÷9＝　…

⑱ 25÷9＝　…

⑲ 26÷9＝　…

⑳ 30÷9＝　…

わり算Ⅲ⑥

さあ、これで100題がすみました。
あとは、答えがさっと出るように練習します。

① 31÷9 = …

② 32÷9 = …

③ 33÷9 = …

④ 34÷9 = …

⑤ 35÷9 = …

⑥ 40÷9 = …

⑦ 41÷9 = …

⑧ 42÷9 = …

⑨ 43÷9 = …

⑩ 44÷9 = …

⑪ 50÷9 = …

⑫ 51÷9 = …

⑬ 52÷9 = …

⑭ 53÷9 = …

⑮ 60÷9 = …

⑯ 61÷9 = …

⑰ 62÷9 = …

⑱ 70÷9 = …

⑲ 71÷9 = …

⑳ 80÷9 = …

① 10 ÷ 3 = …

② 11 ÷ 7 = …

③ 10 ÷ 6 = …

④ 34 ÷ 9 = …

⑤ 31 ÷ 4 = …

⑥ 40 ÷ 9 = …

⑦ 11 ÷ 6 = …

⑧ 54 ÷ 8 = …

⑨ 42 ÷ 9 = …

⑩ 51 ÷ 8 = …

⑪ 20 ÷ 6 = …

⑫ 33 ÷ 9 = …

⑬ 12 ÷ 7 = …

⑭ 50 ÷ 9 = …

⑮ 55 ÷ 8 = …

⑯ 20 ÷ 7 = …

⑰ 53 ÷ 8 = …

⑱ 43 ÷ 9 = …

⑲ 52 ÷ 8 = …

⑳ 35 ÷ 9 = …

㉑ 13 ÷ 7 = …

㉒ 50 ÷ 8 = …

㉓ 41 ÷ 9 = …

㉔ 30 ÷ 7 = …

㉕ 44 ÷ 9 = …

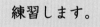

練習します。

わり算 Ⅲ ⑧

① $11 \div 3 =$ …

② $20 \div 8 =$ …

③ $21 \div 9 =$ …

④ $30 \div 4 =$ …

⑤ $30 \div 8 =$ …

⑥ $21 \div 6 =$ …

⑦ $24 \div 9 =$ …

⑧ $40 \div 7 =$ …

⑨ $25 \div 9 =$ …

⑩ $31 \div 7 =$ …

⑪ $31 \div 9 =$ …

⑫ $22 \div 6 =$ …

⑬ $23 \div 8 =$ …

⑭ $32 \div 7 =$ …

⑮ $23 \div 9 =$ …

⑯ $23 \div 6 =$ …

⑰ $32 \div 9 =$ …

⑱ $21 \div 8 =$ …

⑲ $22 \div 9 =$ …

⑳ $22 \div 8 =$ …

㉑ $30 \div 9 =$ …

㉒ $33 \div 7 =$ …

㉓ $26 \div 9 =$ …

㉔ $34 \div 7 =$ …

㉕ $31 \div 8 =$ …

練習します。

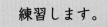

わり算Ⅲ⑨

① $20 \div 3 =$　…

② $10 \div 9 =$　…

③ $11 \div 4 =$　…

④ $15 \div 8 =$　…

⑤ $40 \div 6 =$　…

⑥ $17 \div 9 =$　…

⑦ $51 \div 7 =$　…

⑧ $14 \div 9 =$　…

⑨ $12 \div 8 =$　…

⑩ $11 \div 9 =$　…

⑪ $41 \div 6 =$　…

⑫ $10 \div 8 =$　…

⑬ $16 \div 9 =$　…

⑭ $41 \div 7 =$　…

⑮ $14 \div 8 =$　…

⑯ $52 \div 7 =$　…

⑰ $20 \div 9 =$　…

⑱ $13 \div 8 =$　…

⑲ $15 \div 9 =$　…

⑳ $50 \div 7 =$　…

㉑ $11 \div 8 =$　…

㉒ $12 \div 9 =$　…

㉓ $50 \div 6 =$　…

㉔ $13 \div 9 =$　…

㉕ $53 \div 7 =$　…

練習します。

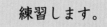

わり算Ⅲ⑩

① $10 \div 4 =$　…

② $70 \div 8 =$　…

③ $54 \div 7 =$　…

④ $51 \div 9 =$　…

⑤ $51 \div 6 =$　…

⑥ $62 \div 9 =$　…

⑦ $55 \div 7 =$　…

⑧ $53 \div 9 =$　…

⑨ $60 \div 8 =$　…

⑩ $61 \div 9 =$　…

⑪ $52 \div 6 =$　…

⑫ $71 \div 8 =$　…

⑬ $10 \div 7 =$　…

⑭ $60 \div 9 =$　…

⑮ $62 \div 8 =$　…

⑯ $61 \div 7 =$　…

⑰ $71 \div 9 =$　…

⑱ $63 \div 8 =$　…

⑲ $53 \div 6 =$　…

⑳ $70 \div 9 =$　…

㉑ $61 \div 8 =$　…

㉒ $60 \div 7 =$　…

㉓ $52 \div 9 =$　…

㉔ $62 \div 7 =$　…

㉕ $80 \div 9 =$　…

練習します。

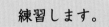

53 1けたのかけ算①

```
    2 1
  × 　3
    6 3
```

21×3のひっ算

⑦　3×1＝3

④　3×20＝60

じゅんにします。

①
```
    2 1
  × 　3
```

②
```
    2 2
  × 　4
```

③
```
    2 3
  × 　3
```

④
```
    3 2
  × 　2
```

⑤
```
    3 3
  × 　3
```

⑥
```
    4 1
  × 　2
```

⑦
```
    1 1
  × 　6
```

⑧
```
    1 3
  × 　3
```

⑨
```
    1 2
  × 　2
```

まちがいなおし

まちがいなおし

⑩
```
    3 2
  × 　3
```

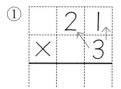

おうちの方へ

ひっ算でするかけ算ははじめてです。九九がしっかりできていれば、やる順を覚えればできます。

1けたのかけ算②

月　日

点/10点

九九がわかれば
できるよね。

```
      2 1
  ×     5
  1 0 5
```

ア　$5 \times 1 = 5$

イ　$5 \times 20 = 100$

ふつう $5 \times 2 = 10$ とし
1は百のくらいにかきます。

①
```
    2 1
  ×   5
```

②
```
    3 1
  ×   6
```

③
```
    4 2
  ×   3
```

④
```
    5 0
  ×   6
```

⑤
```
    5 2
  ×   3
```

⑥
```
    3 2
  ×   4
```

⑦
```
    2 0
  ×   8
```

⑧
```
    5 1
  ×   5
```

⑨
```
    6 1
  ×   6
```

⑩
```
    8 1
  ×   5
```

まちがいなおし

まちがいなおし

1けたのかけ算③

```
    1 3
  ×   5
  ─────
  6¹5
```

⑦ 5 × 3 ＝ 15
1 を十のくらいに小さく
かきます。

⑦ 5 × 1 ＝ 5
5 ＋ 1 ＝ 6

> くり上がりの数は
> 小さくかきます。

①
```
    1 3
  ×   5
```

②
```
    2 4
  ×   4
```

③
```
    2 6
  ×   2
```

④
```
    1 4
  ×   6
```

⑤
```
    1 8
  ×   4
```

⑥
```
    3 7
  ×   3
```

⑦
```
    3 5
  ×   2
```

⑧
```
    1 6
  ×   7
```

⑨
```
    4 5
  ×   2
```

⑩
```
    2 8
  ×   3
```

まちがいなおし

まちがいなおし

1けたのかけ算④

月　日

点/10点

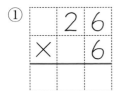

⑦　$6 \times 6 = 36$
3は十のくらいに小さく
かきます。

④　$6 \times 2 = 12$
十のくらいは　$2 + 3 = 5$

①
```
    2 6
×     6
```

②
```
    2 8
×     7
```

③
```
    3 3
×     5
```

④
```
    4 2
×     6
```

⑤
```
    4 4
×     9
```

⑥
```
    2 6
×     8
```

⑦
```
    3 6
×     6
```

⑧
```
    3 8
×     9
```

⑨
```
    5 8
×     7
```

まちがいなおし

まちがいなおし

⑩
```
    6 7
×     3
```

1けたのかけ算⑤

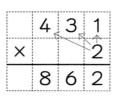

⑦　$2 \times 1 = 2$
④　$2 \times 3 = 6$
⑨　$2 \times 4 = 8$

2けた×1けたより、
かけ算が1回ふえます。

①
```
    1 1 1
×       4
─────────
```

②
```
    2 1 4
×       2
─────────
```

③
```
    2 0 2
×       4
─────────
```

④
```
    3 2 4
×       2
─────────
```

⑤
```
    3 4 2
×       2
─────────
```

⑥
```
    1 3 0
×       3
─────────
```

⑦
```
    1 2 1
×       4
─────────
```

⑧
```
    2 2 1
×       3
─────────
```

⑨
```
    4 4 4
×       2
─────────
```

⑩
```
    1 3 3
×       3
─────────
```

まちがいなおし

まちがいなおし

1けたのかけ算⑥

月　　日

点/10点

九九の答えが2けたになるとき
気をつけましょう。

①
```
    4 1 1
×       6
─────────
```

②
```
    3 1 1
×       9
─────────
```

③
```
    4 2 2
×       3
─────────
```

④
```
    5 1 2
×       4
─────────
```

⑤
```
    6 1 1
×       7
─────────
```

⑥
```
    7 2 1
×       4
─────────
```

⑦
```
    8 1 2
×       2
─────────
```

⑧
```
    9 1 3
×       3
─────────
```

⑨
```
    9 3 3
×       2
─────────
```

⑩
```
    6 4 2
×       2
─────────
```

まちがいなおし

まちがいなおし

59 1けたのかけ算⑦

くり上がりに気をつけてね。

①
```
    2 1 4
×       8
─────────
```

②
```
    3 1 6
×       5
─────────
```

③
```
    3 2 4
×       3
─────────
```

④
```
    1 1 8
×       9
─────────
```

⑤
```
    4 3 8
×       2
─────────
```

⑥
```
    2 2 9
×       4
─────────
```

⑦
```
    1 1 9
×       8
─────────
```

⑧
```
    1 1 7
×       7
─────────
```

⑨
```
    1 3 6
×       2
─────────
```

⑩
```
    3 2 5
×       2
─────────
```

まちがいなおし

まちがいなおし

月　日

点/10点

正しくできるようになったかな？

①
```
    3 3 4
×       8
─────────
```

②
```
    4 4 4
×       4
─────────
```

③
```
    3 5 6
×       5
─────────
```

④
```
    2 6 4
×       7
─────────
```

⑤
```
    3 2 8
×       9
─────────
```

⑥
```
    5 3 8
×       8
─────────
```

⑦
```
    6 4 9
×       7
─────────
```

⑧
```
    7 6 4
×       8
─────────
```

⑨
```
    5 6 9
×       3
─────────
```

⑩
```
    6 8 9
×       6
─────────
```

まちがいなおし

まちがいなおし

61 2けたのかけ算①

月　日

点/6点

```
      1  2
  ×   3  4
      4  8
   3  6
   4  0  8
```

12×34 のひっ算

1. 12×4の計算
   4×2=8
   4×10=40（4×1=4）

2. 12×30の計算
   30×2=60（3×2=6）
   30×10=300（3×1=3）

左のように
じゅんにし
ます。

①
```
      1  1
  ×   2  2
```

②
```
      1  3
  ×   2  3
```

③
```
      1  4
  ×   2  1
```

④
```
      2  1
  ×   2  4
```

⑤
```
      2  2
  ×   4  1
```

⑥
```
      2  3
  ×   1  3
```

おうちの方へ　2けたのかけ算も、順番にすればできます。1つ1つの計算はかけ算九九です。

2けたのかけ算②

```
      1   2
  ×   6   7
  ─────────
      8  ⁴4
  7  ¹2
  ─────────
  8   0   4
```

九九の答えが
2けたになるとき

・7 × 2 = 14　1を十のくらいに。
　7 × 1 = 7　7 + 1 = 8
・6 × 2 = 12　1を百のくらいに。
　6 × 1 = 6　6 + 1 = 7

くり上がりの
数を小さくか
きます。

①
```
      1   9
  ×   3   8
  ─────────
```

②
```
      2   3
  ×   2   7
  ─────────
```

③
```
      2   4
  ×   3   3
  ─────────
```

④
```
      3   1
  ×   5   6
  ─────────
```

⑤
```
      3   6
  ×   6   1
  ─────────
```

⑥
```
      4   2
  ×   5   2
  ─────────
```

2けたのかけ算③

九九をいいながら計算しましょう。

①
```
    2 4
×   5 3
```

②
```
    3 7
×   3 3
```

③
```
    4 2
×   5 2
```

④
```
    5 1
×   3 6
```

⑤
```
    2 6
×   7 4
```

⑥
```
    6 3
×   5 1
```

⑦
```
    7 1
×   4 5
```

⑧
```
    8 2
×   4 4
```

⑨
```
    9 3
×   2 3
```

2けたのかけ算④

月　日

点/9点

くり上がりに注意して計算しましょう。

①
```
    2 4
×   6 7
```

②
```
    4 8
×   6 4
```

③
```
    2 7
×   9 8
```

④
```
    3 2
×   7 7
```

⑤
```
    4 4
×   7 7
```

⑥
```
    3 5
×   6 9
```

⑦
```
    5 8
×   7 9
```

⑧
```
    6 7
×   3 8
```

⑨
```
    7 5
×   8 4
```

2けたのかけ算⑤

月　日

点/9点

くり上がりに注意しましょう。

①
```
    2 5
  × 8 8
```

②
```
    4 7
  × 7 9
```

③
```
    3 6
  × 6 6
```

④
```
    5 7
  × 9 9
```

⑤
```
    2 9
  × 7 9
```

⑥
```
    6 8
  × 6 8
```

⑦
```
    3 8
  × 8 6
```

⑧
```
    7 6
  × 4 8
```

⑨
```
    8 6
  × 7 7
```

66 2けたのかけ算⑥

		2	1	9
	×		5	3
		6	5²	7
1	0	9⁴	5	
1	1¹	6¹	0	7

（3けた）×（2けた）

> 1. 219×3の計算
>   3×9＝27、3×1＝3
>   3＋2＝5、3×2＝6

2. 219×50の計算
   5×9＝45、5×1＝5
   5＋4＝9、5×2＝10

①
		2	4	3
	×		4	2

②
		2	5	6
	×		4	1

③
		3	1	3
	×		7	2

④
		3	3	8
	×		3	3

おうちの方へ　（3けた）×（2けた）でも、基本はかけ算九九です。
計算の順番を正しく覚えさせましょう。

2けたのかけ算⑦

くり上がりに気をつけましょう。

①
```
    4 2 5
  ×   3 1
```

②
```
    4 6 1
  ×   6 2
```

③
```
    5 1 2
  ×   4 3
```

④
```
    5 4 3
  ×   3 2
```

⑤
```
    6 0 7
  ×   5 1
```

⑥
```
    6 3 1
  ×   7 1
```

2けたのかけ算⑧

くり上がりが多くあります。

①
```
      2 6 6
  ×   5 3
```

②
```
      2 8 2
  ×   7 4
```

③
```
      3 2 5
  ×   6 3
```

④
```
      4 3 6
  ×   5 2
```

⑤
```
      3 3 8
  ×   5 7
```

⑥
```
      4 2 4
  ×   8 8
```

2けたのかけ算⑨

月　日

点/6点

じしんがついてきましたか？

①
```
    4 6 2
  ×   7 9
```

②
```
    4 8 3
  ×   5 6
```

③
```
    5 3 7
  ×   6 4
```

④
```
    5 4 6
  ×   9 5
```

⑤
```
    6 2 8
  ×   6 7
```

⑥
```
    6 5 5
  ×   4 8
```

2けたのかけ算⑩

月　日

点/6点

2けたのかけ算は、これでおしまい。

①
```
    6 6 8
×   5 7
```

②
```
    6 9 4
×   4 9
```

③
```
    7 2 4
×   7 6
```

④
```
    7 5 8
×   4 5
```

⑤
```
    8 2 6
×   6 8
```

⑥
```
    9 4 3
×   7 4
```

分数①

1 次のかさを分数を使って表しましょう。

①

（　　）L

②

（　　）L

③

（　　）L

2 次のかさだけ色をぬりましょう。

① $\dfrac{1}{6}$L

② $\dfrac{4}{5}$L

③ $\dfrac{3}{8}$L

3 次の長さだけテープに色をぬりましょう。

①  $\dfrac{1}{3}$m

② 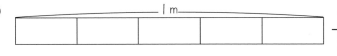 $\dfrac{2}{5}$m

72 分数②

1 次の図を見て、答えましょう。

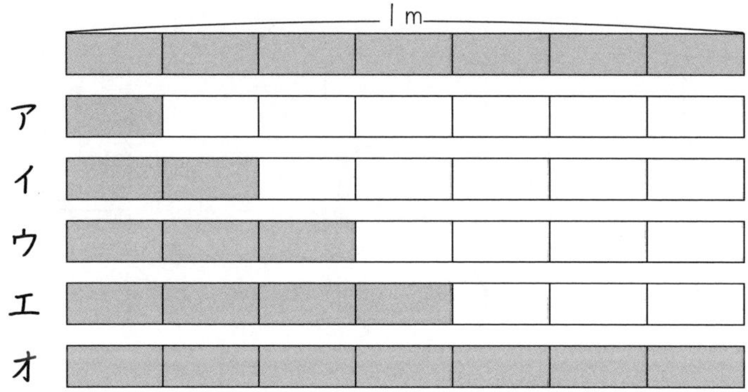

① イ、ウは、それぞれ何mですか。

イ (　　　　m) ウ (　　　　m)

② オを分数で表しましょう。 (　　　　m)

> 図より、$\dfrac{7}{7}$m＝1mということがわかります。
>
> 分母と分子が等しい分数は1と同じ大きさです。

2 大きいじゅんにならべかえましょう。

① $\dfrac{2}{4}$　$\dfrac{1}{4}$　$\dfrac{3}{4}$　$\dfrac{4}{4}$　(　　　　　　　　　　　)

② $\dfrac{2}{5}$　$\dfrac{4}{5}$　1　$\dfrac{1}{5}$　(　　　　　　　　　　　)

分数③

次の□の中に、等号（＝）か不等号（＜，＞）をかきましょう。

① $\dfrac{1}{3}$ □ $\dfrac{2}{3}$

⑥ $\dfrac{4}{3}$ □ 1

② $\dfrac{3}{4}$ □ $\dfrac{2}{4}$

⑦ $\dfrac{2}{6}$ □ $\dfrac{4}{6}$

③ $\dfrac{5}{5}$ □ 1

⑧ $\dfrac{3}{8}$ □ $\dfrac{7}{8}$

④ 1 □ $\dfrac{6}{6}$

⑨ $\dfrac{8}{9}$ □ $\dfrac{7}{9}$

⑤ $\dfrac{1}{7}$ □ 1

⑩ 1 □ $\dfrac{10}{10}$

おうちの方へ　3年生は、分母が同じ分数の計算を勉強します。

分数④

$$\frac{1}{3} + \frac{1}{3} = \frac{2}{3}$$

1 + 1 ↓

分母が同じ分数
分子のたし算だね。

① $\dfrac{1}{3} + \dfrac{1}{3} =$

⑥ $\dfrac{2}{11} + \dfrac{4}{11} =$

② $\dfrac{1}{5} + \dfrac{2}{5} =$

⑦ $\dfrac{5}{11} + \dfrac{5}{11} =$

③ $\dfrac{2}{7} + \dfrac{2}{7} =$

⑧ $\dfrac{2}{13} + \dfrac{7}{13} =$

④ $\dfrac{4}{9} + \dfrac{1}{9} =$

⑨ $\dfrac{5}{9} + \dfrac{2}{9} =$

⑤ $\dfrac{3}{7} + \dfrac{2}{7} =$

⑩ $\dfrac{2}{5} + \dfrac{2}{5} =$

分数⑤

分母と分子が同じときは、1にしましょう。

① $\dfrac{2}{5} + \dfrac{3}{5} =$

⑥ $\dfrac{4}{7} + \dfrac{3}{7} =$

② $\dfrac{2}{3} + \dfrac{1}{3} =$

⑦ $\dfrac{2}{4} + \dfrac{1}{4} =$

③ $\dfrac{3}{4} + \dfrac{1}{4} =$

⑧ $\dfrac{1}{8} + \dfrac{6}{8} =$

④ $\dfrac{1}{6} + \dfrac{5}{6} =$

⑨ $\dfrac{4}{9} + \dfrac{4}{9} =$

⑤ $\dfrac{3}{10} + \dfrac{7}{10} =$

⑩ $\dfrac{8}{11} + \dfrac{3}{11} =$

分数⑥

$$\frac{2}{3} - \frac{1}{3} = \frac{1}{3}$$

2 - 1

分母が同じ分数
分子のひき算だね。

① $\dfrac{2}{3} - \dfrac{1}{3} =$

⑥ $\dfrac{5}{7} - \dfrac{3}{7} =$

② $\dfrac{3}{4} - \dfrac{2}{4} =$

⑦ $\dfrac{4}{9} - \dfrac{2}{9} =$

③ $\dfrac{3}{5} - \dfrac{2}{5} =$

⑧ $\dfrac{7}{9} - \dfrac{5}{9} =$

④ $\dfrac{4}{5} - \dfrac{3}{5} =$

⑨ $\dfrac{6}{11} - \dfrac{5}{11} =$

⑤ $\dfrac{4}{7} - \dfrac{2}{7} =$

⑩ $\dfrac{9}{11} - \dfrac{4}{11} =$

分数⑦

月　　日

点/10点

1からひくときは、1をひく数の分母に合わせた分数にします。

① $1 - \dfrac{2}{3} = \dfrac{3}{3} - \dfrac{2}{3}$

$=$

② $1 - \dfrac{1}{4} =$

③ $1 - \dfrac{3}{5} =$

④ $1 - \dfrac{5}{6} =$

⑤ $1 - \dfrac{4}{9} =$

⑥ $\dfrac{4}{5} - \dfrac{2}{5} =$

⑦ $\dfrac{6}{7} - \dfrac{2}{7} =$

⑧ $\dfrac{9}{10} - \dfrac{6}{10} =$

⑨ $\dfrac{8}{11} - \dfrac{7}{11} =$

⑩ $\dfrac{7}{8} - \dfrac{2}{8} =$

分数⑧

たし算とひき算がまざっているよ。

① $\dfrac{8}{9} - \dfrac{4}{9} =$

② $\dfrac{2}{11} + \dfrac{7}{11} =$

③ $\dfrac{6}{7} - \dfrac{4}{7} =$

④ $1 - \dfrac{3}{5} =$

⑤ $\dfrac{7}{9} + \dfrac{2}{9} =$

⑥ $\dfrac{5}{13} + \dfrac{8}{13} =$

⑦ $1 - \dfrac{3}{10} =$

⑧ $1 - \dfrac{2}{11} =$

⑨ $\dfrac{7}{12} + \dfrac{5}{12} =$

⑩ $\dfrac{1}{13} + \dfrac{12}{13} =$

小数①

月　　日

点/8点

1　かさを小数で表しましょう。

① 1Lます

（ 0.3L ）

② 1Lます

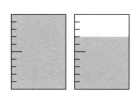

（　　L ）

2　次のかさだけ色をぬりましょう。

① 0.8L

1Lます

② 2.4L

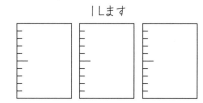

1Lます

3　次の数を数直線に↑で表しましょう。

① 0.1　　　　② 0.6　　　　③ 1.3　　　　④ 2.5

小数②

0.1は、1より小さいけど、0より大きい数です。

```
  0.1        0.5              1
├──┼──┼──┼──┼──┼──┼──┼──┼──┼──┤
0
```

1 次の数をかきましょう。

① 0.1を4こ集めた数　　　0.4

② 0.1を7こ集めた数　　　_____

③ 1と0.6を合わせた数　　1.6

④ 4と0.5を合わせた数　　_____

2 次の □ にあてはまる数をかきましょう。

① 0.8は、0.1が □ こ集まった数。

② 1.3は、0.1が □ こ集まった数。

③ 3.4は、1が □ こと、0.1が □ こ
を集め、合わせた数。

3 大きい数に○をしましょう。

① 0.2 , 2　　　② 1.3 , 3.1

③ 0.7 , 1.7　　④ 24 , 4.2

おうちの方へ 0.1は0より小さい数と勘ちがいをしている子どもが、ときどきいます。上の数直線で確かめさせましょう。

小数③

月　日

点/10点

①
```
   0.1
+  0.2
```

②
```
   0.3
+  0.3
```

③
```
   0.5
+  0.4
```

④
```
   0.2
+  0.5
```

⑤
```
   0.1
+  0.6
```

⑥
```
   0.4
+  0.4
```

⑦
```
   0.8
+  0.2
```

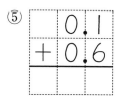

0は、消します。
小数点も消します。

⑧
```
   0.7
+  0.3
```

⑨
```
   0.1
+  0.9
```

⑩
```
   0.5
+  0.5
```

まちがいなおし

まちがいなおし

小数④

月　日

点/10点

```
  0.8
+ 0.3
-----
  1 1  ？？
```

0.8+0.3＝11ではありません。
11と1.1は、大きさがちがう数です。
小数点をわすれないでね。

①
```
  0.8
+ 0.3
-----
```

②
```
  0.7
+ 0.5
-----
```

③
```
  0.5
+ 0.8
-----
```

④
```
  0.9
+ 0.4
-----
```

⑤
```
  0.3
+ 0.9
-----
```

⑥
```
  0.8
+ 0.7
-----
```

⑦
```
  0.7
+ 0.3
-----
```

⑧
```
  0.4
+ 0.6
-----
```

⑨
```
  0.6
+ 0.7
-----
```

⑩
```
  0.9
+ 0.9
-----
```

まちがいなおし

まちがいなおし

小数⑤

点/10点

```
  1(0)
+ 0.3
─────
  1.3
```

整数のときは、一のくらいの右に
小数点があると考えます。

①
```
   4
+ 0.7
─────
```

②
```
   2
+ 0.2
─────
```

③
```
  0.6
+ 3
─────
```

④
```
  0.8
+ 6
─────
```

⑤
```
  0.7
+ 4.6
─────
```

⑥
```
  0.6
+ 3.9
─────
```

⑦
```
  4.8
+ 0.6
─────
```

⑧
```
  1.7
+ 0.7
─────
```

⑨
```
  3.8
+ 5.4
─────
```

⑩
```
  6.7
+ 7.8
─────
```

まちがいなおし

まちがいなおし

小数⑥

小数のひき算は、くらいをそろえて計算します。

①
```
  0.4
- 0.2
```

②
```
  0.6
- 0.3
```

③
```
  0.8
- 0.5
```

④
```
  0.9
- 0.6
```

⑤
```
  0.7
- 0.1
```

⑥
```
  0.9
- 0.4
```

⑦
```
  0.5
- 0.3
```

⑧
```
  0.3
- 0.2
```

⑨
```
  0.8
- 0.7
```

⑩
```
  0.7
- 0.5
```

まちがいなおし

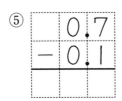

まちがいなおし

小数⑦

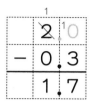

2 − 0.3は、2 を2.0と考えて計算します。0から3はひけません。大きいくらいをくずします。　10−3＝7

①
```
    2
−  0.5
```

②
```
    3
−  0.6
```

③
```
    2
−  0.8
```

④
```
   1.6
−  0.8
     0
```

⑤
```
   1.5
−  0.7
```

⑥
```
   2.2
−  0.9
```

⑦
```
   1.7
−  0.8
```

⑧
```
   1.3
−  0.4
```

⑨
```
   2.5
−  0.6
```

⑩
```
   1.8
−  0.9
```

まちがいなおし

まちがいなおし

小数 ⑧

```
    7.8
 -  1.8
 ─────
    6.0
```

小数点、より小さいくらいがあるとき、右はし（いちばん小さいくらい）の0は、消します。小数点も消すときがあります。

①
```
    4.7
 -  3.7
 ─────
```

②
```
    9.2
 -  1.2
 ─────
```

③
```
    6.3
 -  6.1
 ─────
    0
```

④
```
    3.7
 -  3.4
 ─────
```

⑤
```
    3.6
 -  2.9
 ─────
```

⑥
```
    6.1
 -  4.3
 ─────
```

⑦
```
    8.2
 -  7.5
 ─────
```

⑧
```
    4.6
 -  3.5
 ─────
```

⑨
```
    3.7
 -  1.9
 ─────
```

まちがいなおし

まちがいなおし

⑩
```
    2.4
 -  1.8
 ─────
```

答　え

1	① 787	② 656	③ 877
	④ 957	⑤ 979	⑥ 759
	⑦ 989	⑧ 899	⑨ 978

2	① 660	② 981	③ 885
	④ 970	⑤ 918	⑥ 923
	⑦ 709	⑧ 527	⑨ 848

3	① 570	② 809	③ 986
	④ 518	⑤ 781	⑥ 790
	⑦ 892	⑧ 913	⑨ 607
	⑩ 736		

4	① 520	② 610	③ 911
	④ 611	⑤ 921	⑥ 420
	⑦ 740	⑧ 432	⑨ 931

5	① 811	② 823	③ 832
	④ 741	⑤ 902	⑥ 901
	⑦ 900	⑧ 710	⑨ 710
	⑩ 801		

6	① 1113	② 1220	③ 1403
	④ 1605	⑤ 1013	⑥ 1003
	⑦ 1026	⑧ 1120	⑨ 1031

7	① 1101	② 1533	③ 1143
	④ 1301	⑤ 1004	⑥ 1021
	⑦ 1255	⑧ 1000	⑨ 1361
	⑩ 1042		

8	① 1100	② 1005	③ 1001
	④ 1003	⑤ 1003	⑥ 1003
	⑦ 1002	⑧ 1034	⑨ 1002
	⑩ 1002		

9	① 867	② 1008	③ 1278
	④ 1589	⑤ 1001	⑥ 1003
	⑦ 1005	⑧ 1101	⑨ 1404
	⑩ 1204		

10	① 5901	② 8721
	③ 9295	④ 8900
	⑤ 12907	⑥ 9717
	⑦ 13088	⑧ 12287

11	① 6108	② 7200
	③ 11489	④ 12101
	⑤ 11009	⑥ 12208
	⑦ 11802	⑧ 11661

12	① 10001	② 10002
	③ 10000	④ 10002
	⑤ 10007	⑥ 10004
	⑦ 15032	⑧ 12006

13	① 203	② 430	③ 414
	④ 423	⑤ 116	⑥ 241
	⑦ 240	⑧ 121	⑨ 620

14	① 515	② 534	③ 244
	④ 439	⑤ 135	⑥ 291
	⑦ 475	⑧ 672	⑨ 292

15	① 303	② 18	③ 173
	④ 82	⑤ 5	⑥ 60
	⑦ 29	⑧ 107	⑨ 80
	⑩ 93		

16	① 188	② 129	③ 96
	④ 248	⑤ 49	⑥ 277
	⑦ 23	⑧ 96	⑨ 269
	⑩ 494		

17	① 257	② 298	③ 44
	④ 347	⑤ 175	⑥ 29
	⑦ 56	⑧ 196	⑨ 36
	⑩ 218		

18	① 1578	② 2669
	③ 3689	④ 5689
	⑤ 743	⑥ 6847
	⑦ 7878	⑧ 1845

19	① 964	② 259
	③ 1999	④ 791
	⑤ 992	⑥ 5247
	⑦ 4579	⑧ 2938

20	① 2256	② 4432
	③ 663	④ 7063
	⑤ 451	⑥ 173
	⑦ 5548	⑧ 2079

21	① 2996	② 3974
	③ 1236	④ 747
	⑤ 6969	⑥ 4969
	⑦ 2993	⑧ 991

22	① 755	② 3606
	③ 1819	④ 845
	⑤ 1148	⑥ 6268
	⑦ 673	⑧ 682

23	① 1656	② 878
	③ 1439	④ 2655
	⑤ 1278	⑥ 2827
	⑦ 1859	⑧ 2443

24	① 4887	② 2682
	③ 699	④ 815
	⑤ 399	⑥ 254
	⑦ 4706	⑧ 2688

25

① 1	⑧ 8	⑮ 6
② 2	⑨ 9	⑯ 7
③ 3	⑩ 1	⑰ 8
④ 4	⑪ 2	⑱ 9
⑤ 5	⑫ 3	⑲ 1
⑥ 6	⑬ 4	⑳ 2
⑦ 7	⑭ 5	

26

① 3	⑧ 1	⑮ 8
② 4	⑨ 2	⑯ 9
③ 5	⑩ 3	⑰ 1
④ 6	⑪ 4	⑱ 2
⑤ 7	⑫ 5	⑲ 3
⑥ 8	⑬ 6	⑳ 4
⑦ 9	⑭ 7	

27

① 5	⑧ 3	⑮ 1
② 6	⑨ 4	⑯ 2
③ 7	⑩ 5	⑰ 3
④ 8	⑪ 6	⑱ 4
⑤ 9	⑫ 7	⑲ 5
⑥ 1	⑬ 8	⑳ 6
⑦ 2	⑭ 9	

28

① 7	⑧ 5	⑮ 3
② 8	⑨ 6	⑯ 4
③ 9	⑩ 7	⑰ 5
④ 1	⑪ 8	⑱ 6
⑤ 2	⑫ 9	⑲ 7
⑥ 3	⑬ 1	⑳ 9
⑦ 4	⑭ 2	

29

① 2	⑧ 6	⑮ 4
② 3	⑨ 3	⑯ 3
③ 1	⑩ 2	⑰ 6
④ 4	⑪ 1	⑱ 5
⑤ 5	⑫ 5	⑲ 4
⑥ 3	⑬ 1	⑳ 2
⑦ 2	⑭ 7	

30

① 7	⑧ 9	⑮ 7
② 8	⑨ 1	⑯ 6
③ 4	⑩ 8	⑰ 9
④ 6	⑪ 8	⑱ 2
⑤ 8	⑫ 5	⑲ 2
⑥ 9	⑬ 1	⑳ 3
⑦ 9	⑭ 7	

31

① 3	⑧ 5	⑮ 6
② 4	⑨ 5	⑯ 5
③ 1	⑩ 2	⑰ 3
④ 4	⑪ 2	⑱ 3
⑤ 3	⑫ 6	⑲ 7
⑥ 1	⑬ 4	⑳ 4
⑦ 2	⑭ 1	

32

① 8	⑧ 6	⑮ 8
② 6	⑨ 9	⑯ 9
③ 7	⑩ 7	⑰ 8
④ 8	⑪ 8	⑱ 9
⑤ 4	⑫ 5	⑲ 7
⑥ 5	⑬ 9	⑳ 9
⑦ 6	⑭ 7	

33				36			
①	1…1	⑪	1…2	①	2…2	⑪	5…2
②	2…1	⑫	2…1	②	2…3	⑫	5…3
③	3…1	⑬	2…2	③	2…5	⑬	5…4
④	4…1	⑭	4…1	④	3…1	⑭	5…5
⑤	5…1	⑮	4…2	⑤	4…1	⑮	6…1
⑥	6…1	⑯	5…1	⑥	4…2	⑯	6…2
⑦	7…1	⑰	5…2	⑦	4…3	⑰	6…3
⑧	8…1	⑱	6…1	⑧	4…4	⑱	7…1
⑨	9…1	⑲	7…1	⑨	4…5	⑲	7…2
⑩	1…1	⑳	7…2	⑩	5…1	⑳	7…3

34				37			
①	8…1	⑪	4…1	①	2…3	⑪	5…2
②	8…2	⑫	4…2	②	2…4	⑫	5…3
③	9…1	⑬	4…3	③	2…5	⑬	5…4
④	9…2	⑭	5…1	④	3…1	⑭	6…1
⑤	1…1	⑮	5…2	⑤	3…2	⑮	6…2
⑥	1…2	⑯	5…3	⑥	3…3	⑯	6…3
⑦	1…3	⑰	6…1	⑦	3…4	⑰	6…4
⑧	3…1	⑱	6…2	⑧	3…6	⑱	6…5
⑨	3…2	⑲	6…3	⑨	4…1	⑲	6…6
⑩	3…3	⑳	7…1	⑩	5…1	⑳	8…1

35				38			
①	2…1	⑪	4…3	①	3…1	⑪	4…6
②	2…2	⑫	4…4	②	3…2	⑫	4…7
③	2…3	⑬	5…1	③	3…3	⑬	5…1
④	2…4	⑭	5…2	④	3…4	⑭	5…2
⑤	3…1	⑮	5…3	⑤	3…5	⑮	5…3
⑥	3…2	⑯	5…4	⑥	4…1	⑯	5…4
⑦	3…3	⑰	6…1	⑦	4…2	⑰	5…5
⑧	3…4	⑱	6…2	⑧	4…3	⑱	5…6
⑨	4…1	⑲	6…3	⑨	4…4	⑲	5…7
⑩	4…2	⑳	7…1	⑩	4…5	⑳	6…1

39

①	4…2	⑪	7…2
②	4…3	⑫	7…3
③	5…1	⑬	7…4
④	5…2	⑭	7…5
⑤	5…4	⑮	7…6
⑥	6…1	⑯	8…1
⑦	6…2	⑰	8…2
⑧	6…3	⑱	8…3
⑨	6…4	⑲	8…4
⑩	7…1	⑳	8…5

40

①	1…1	⑪	2…1
②	1…2	⑫	2…2
③	1…3	⑬	1…1
④	1…4	⑭	2…1
⑤	1…1	⑮	2…2
⑥	1…2	⑯	2…3
⑦	1…3	⑰	2…1
⑧	2…1	⑱	3…1
⑨	1…1	⑲	3…2
⑩	1…2	⑳	4…1

41

①	7…2	⑪	9…1
②	7…4	⑫	9…1
③	7…1	⑬	8…7
④	8…2	⑭	9…1
⑤	7…4	⑮	7…5
⑥	9…2	⑯	7…3
⑦	8…1	⑰	8…3
⑧	7…2	⑱	8…6
⑨	7…3	⑲	8…1
⑩	8…1	⑳	9…2

42

①	9…2	⑪	9…7
②	9…7	⑫	9…5
③	9…3	⑬	9…6
④	9…6	⑭	9…3
⑤	9…3	⑮	9…3
⑥	8…3	⑯	9…5
⑦	8…5	⑰	9…4
⑧	8…4	⑱	9…5
⑨	9…4	⑲	9…5
⑩	9…4	⑳	9…4

43

①	3…1	⑥	7…2
②	3…2	⑦	7…3
③	6…2	⑧	1…4
④	2…2	⑨	1…5
⑤	2…3	⑩	3…2

44

①	3…3	⑥	8…2
②	3…4	⑦	8…3
③	3…5	⑧	8…4
④	6…4	⑨	8…5
⑤	6…5	⑩	1…3

45

①	1…4	⑪	5…6
②	1…5	⑫	7…1
③	1…6	⑬	7…2
④	2…6	⑭	7…3
⑤	4…2	⑮	7…4
⑥	4…3	⑯	7…5
⑦	4…4	⑰	7…6
⑧	4…5	⑱	8…4
⑨	4…6	⑲	8…5
⑩	5…5	⑳	8…6

答　え

46			
①	1 … 2	⑪	3 … 6
②	1 … 3	⑫	3 … 7
③	1 … 4	⑬	6 … 2
④	1 … 5	⑭	6 … 3
⑤	1 … 6	⑮	6 … 4
⑥	1 … 7	⑯	6 … 5
⑦	2 … 4	⑰	6 … 6
⑧	2 … 5	⑱	6 … 7
⑨	2 … 6	⑲	7 … 4
⑩	2 … 7	⑳	7 … 5

47			
①	7 … 6	⑪	1 … 7
②	7 … 7	⑫	1 … 8
③	8 … 6	⑬	2 … 2
④	8 … 7	⑭	2 … 3
⑤	1 … 1	⑮	2 … 4
⑥	1 … 2	⑯	2 … 5
⑦	1 … 3	⑰	2 … 6
⑧	1 … 4	⑱	2 … 7
⑨	1 … 5	⑲	2 … 8
⑩	1 … 6	⑳	3 … 3

48			
①	3 … 4	⑪	5 … 5
②	3 … 5	⑫	5 … 6
③	3 … 6	⑬	5 … 7
④	3 … 7	⑭	5 … 8
⑤	3 … 8	⑮	6 … 6
⑥	4 … 4	⑯	6 … 7
⑦	4 … 5	⑰	6 … 8
⑧	4 … 6	⑱	7 … 7
⑨	4 … 7	⑲	7 … 8
⑩	4 … 8	⑳	8 … 8

49			
①	3 … 1	⑭	5 … 5
②	1 … 4	⑮	6 … 7
③	1 … 4	⑯	2 … 6
④	3 … 7	⑰	6 … 5
⑤	7 … 3	⑱	4 … 7
⑥	4 … 4	⑲	6 … 4
⑦	1 … 5	⑳	3 … 8
⑧	6 … 6	㉑	1 … 6
⑨	4 … 6	㉒	6 … 2
⑩	6 … 3	㉓	4 … 5
⑪	3 … 2	㉔	4 … 2
⑫	3 … 6	㉕	4 … 8
⑬	1 … 5		

50			
①	3 … 2	⑭	4 … 4
②	2 … 4	⑮	2 … 5
③	2 … 3	⑯	3 … 5
④	7 … 2	⑰	3 … 5
⑤	3 … 6	⑱	2 … 5
⑥	3 … 3	⑲	2 … 4
⑦	2 … 6	⑳	2 … 6
⑧	5 … 5	㉑	3 … 3
⑨	2 … 7	㉒	4 … 5
⑩	4 … 3	㉓	2 … 8
⑪	3 … 4	㉔	4 … 6
⑫	3 … 4	㉕	3 … 7
⑬	2 … 7		

51				
①	6…2	⑭	5…6
②	1…1	⑮	1…6
③	2…3	⑯	7…3
④	1…7	⑰	2…2
⑤	6…4	⑱	1…5
⑥	1…8	⑲	1…6
⑦	7…2	⑳	7…1
⑧	1…5	㉑	1…3
⑨	1…4	㉒	1…3
⑩	1…2	㉓	8…2
⑪	6…5	㉔	1…4
⑫	1…2	㉕	7…4
⑬	1…7		

52				
①	2…2	⑭	6…6
②	8…6	⑮	7…6
③	7…5	⑯	8…5
④	5…6	⑰	7…8
⑤	8…3	⑱	7…7
⑥	6…8	⑲	8…5
⑦	7…6	⑳	7…7
⑧	5…8	㉑	7…5
⑨	7…4	㉒	8…4
⑩	6…7	㉓	5…7
⑪	8…4	㉔	8…6
⑫	8…7	㉕	8…8
⑬	1…3		

53						
①	63	②	88	③	69
④	64	⑤	99	⑥	82
⑦	66	⑧	39	⑨	24
⑩	96				

54						
①	105	②	186	③	126
④	300	⑤	156	⑥	128
⑦	160	⑧	255	⑨	366
⑩	405				

55						
①	65	②	96	③	52
④	84	⑤	72	⑥	111
⑦	70	⑧	112	⑨	90
⑩	84				

56						
①	156	②	196	③	165
④	252	⑤	396	⑥	208
⑦	216	⑧	342	⑨	406
⑩	201				

57						
①	444	②	428	③	808
④	648	⑤	684	⑥	390
⑦	484	⑧	663	⑨	888
⑩	399				

58						
①	2466	②	2799	③	1266
④	2048	⑤	4277	⑥	2884
⑦	1624	⑧	2739	⑨	1866
⑩	1284				

59						
①	1712	②	1580	③	972
④	1062	⑤	876	⑥	916
⑦	952	⑧	819	⑨	272
⑩	650				

60						
①	2672	②	1776	③	1780
④	1848	⑤	2952	⑥	4304

⑦ 4543　⑧ 6112　⑨ 1707

⑩ 4134

61　① 242　② 299　③ 294

　　④ 504　⑤ 902　⑥ 299

62　① 722　② 621　③ 792

　　④ 1736　⑤ 2196　⑥ 2184

63　① 1272　② 1221　③ 2184

　　④ 1836　⑤ 1924　⑥ 3213

　　⑦ 3195　⑧ 3608　⑨ 2139

64　① 1608　② 3072　③ 2646

　　④ 2464　⑤ 3388　⑥ 2415

　　⑦ 4582　⑧ 2546　⑨ 6300

65　① 2200　② 3713　③ 2376

　　④ 5643　⑤ 2291　⑥ 4624

　　⑦ 3268　⑧ 3648　⑨ 6622

66　① 10206　② 10496

　　③ 22536　④ 11154

67　① 13175　② 28582

　　③ 22016　④ 17376

　　⑤ 30957　⑥ 44801

68　① 14098　② 20868

　　③ 20475　④ 22672

　　⑤ 19266　⑥ 37312

69　① 36498　② 27048

　　③ 34368　④ 51870

　　⑤ 42076　⑥ 31440

70　① 38076　② 34006

　　③ 55024　④ 34110

　　⑤ 56168　⑥ 69782

71　1　① $\frac{2}{3}$　② $\frac{3}{5}$　③ $\frac{5}{6}$

　　2　①　　②　　③

　　3　①

　　　　②

72　1　① イ $\frac{2}{7}$m　ウ $\frac{3}{7}$m

　　　② $\frac{7}{7}$m

　　2　① $\frac{4}{4}$、$\frac{3}{4}$、$\frac{2}{4}$、$\frac{1}{4}$

　　　② 1、$\frac{4}{5}$、$\frac{2}{5}$、$\frac{1}{5}$

73　① ＜　⑥ ＞

　　② ＞　⑦ ＜

　　③ ＝　⑧ ＜

　　④ ＝　⑨ ＞

　　⑤ ＜　⑩ ＝

74	① $\dfrac{2}{3}$	⑥ $\dfrac{6}{11}$
	② $\dfrac{3}{5}$	⑦ $\dfrac{10}{11}$
	③ $\dfrac{4}{7}$	⑧ $\dfrac{9}{13}$
	④ $\dfrac{5}{9}$	⑨ $\dfrac{7}{9}$
	⑤ $\dfrac{5}{7}$	⑩ $\dfrac{4}{5}$

75	① 1	⑥ 1
	② 1	⑦ $\dfrac{3}{4}$
	③ 1	⑧ $\dfrac{7}{8}$
	④ 1	⑨ $\dfrac{8}{9}$
	⑤ 1	⑩ 1

76	① $\dfrac{1}{3}$	⑥ $\dfrac{2}{7}$
	② $\dfrac{1}{4}$	⑦ $\dfrac{2}{9}$
	③ $\dfrac{1}{5}$	⑧ $\dfrac{2}{9}$
	④ $\dfrac{1}{5}$	⑨ $\dfrac{1}{11}$
	⑤ $\dfrac{2}{7}$	⑩ $\dfrac{5}{11}$

77	① $\dfrac{1}{3}$	⑥ $\dfrac{2}{5}$
	② $\dfrac{3}{4}$	⑦ $\dfrac{4}{7}$
	③ $\dfrac{2}{5}$	⑧ $\dfrac{3}{10}$
	④ $\dfrac{1}{6}$	⑨ $\dfrac{1}{11}$
	⑤ $\dfrac{5}{9}$	⑩ $\dfrac{5}{8}$

78	① $\dfrac{4}{9}$	⑥ $\dfrac{13}{13}$ (1)
	② $\dfrac{9}{11}$	⑦ $\dfrac{7}{10}$
	③ $\dfrac{2}{7}$	⑧ $\dfrac{9}{11}$
	④ $\dfrac{2}{5}$	⑨ $\dfrac{12}{12}$ (1)
	⑤ $\dfrac{9}{9}$ (1)	⑩ $\dfrac{13}{13}$ (1)

79 □1 ① 0.3L ② 1.7L

□2 ① 0.8L

② 2.4L

3

0   1   2

① ② ③ ④
(0.1) (0.6) (1.3) (2.5)

80
① ① 0.4 ② 0.7
③ 1.6 ④ 4.5
② ① 8 ② 13
③ 3、4
③ ① 2 ② 3.1
③ 1.7 ④ 24

81 ① 0.3 ② 0.6 ③ 0.9
④ 0.7 ⑤ 0.7 ⑥ 0.8
⑦ 1 ⑧ 1 ⑨ 1
⑩ 1

82 ① 1.1 ② 1.2 ③ 1.3
④ 1.3 ⑤ 1.2 ⑥ 1.5
⑦ 1 ⑧ 1 ⑨ 1.3
⑩ 1.8

83 ① 4.7 ② 2.2 ③ 3.6
④ 6.8 ⑤ 5.3 ⑥ 4.5
⑦ 5.4 ⑧ 2.4 ⑨ 9.2
⑩ 14.5

84 ① 0.2 ② 0.3 ③ 0.3
④ 0.3 ⑤ 0.6 ⑥ 0.5
⑦ 0.2 ⑧ 0.1 ⑨ 0.1
⑩ 0.2

85 ① 1.5 ② 2.4 ③ 1.2
④ 0.8 ⑤ 0.8 ⑥ 1.3
⑦ 0.9 ⑧ 0.9 ⑨ 1.9
⑩ 0.9

86 ① 1 ② 8 ③ 0.2
④ 0.3 ⑤ 0.7 ⑥ 1.8
⑦ 0.7 ⑧ 1.1 ⑨ 1.8
⑩ 0.6